中式室内
细部素材 ②
软装元素

金盘地产传媒有限公司 策划
广州市唐艺文化传播有限公司 编著

中国林业出版社
China Forestry Publishing House

图书在版编目（CIP）数据

中式室内细部素材. 软装元素 / 广州市唐艺文化传
播有限公司编著. -- 北京 ： 中国林业出版社，2017.7
　　ISBN 978-7-5038-9119-9

　Ⅰ．①中… Ⅱ．①广… Ⅲ．①室内装饰设计—细部设
计 Ⅳ．①TU238.2

中国版本图书馆CIP数据核字(2017)第158145号

中式室内细部素材. 软装元素

编　　著：广州市唐艺文化传播有限公司
策划编辑：高雪梅
文字编辑：高雪梅
装帧设计：刘小川　姚凤萍

中国林业出版社·建筑分社
责任编辑：纪　亮　王思源

出版发行：中国林业出版社
出版社地址：北京西城区德内大街刘海胡同7号，邮编：100009
出版社网址：http://lycb.forestry.gov.cn/
经　　销：全国新华书店
印　　刷：深圳市汇亿丰印刷科技有限公司
开　　本：965mm×690mm 1/16
印　　张：22
版　　次：2017年7月第1版
印　　次：2017年7月第1版
标准书号：978-7-5038-9119-9
定　　价：349.00元（全套定价：678.00元）

图书如有印装质量问题，可随时向印刷厂调换（电话：0755-25971848）

【前言】

软装是一个新兴的概念,是把装修更加细分化了。所谓软装,即指除了室内装潢中固定的、不能移动的装饰物如地板、顶棚、墙面以及门窗等之外,其他可以移动的、易于更换的饰物,如窗帘、沙发、靠垫、壁挂、地毯、床上用品、灯饰以及装饰工艺品、居室植物等,是对居室的二度陈设与布置。相对硬装的不可移动性,软装更易于更换,方便对家居进行二次陈设和布置。软装的特征是:可以任意地移动变化,同时你可以在不借助外力的情况下,自己独立完成。

"软装饰"和"硬装饰"是相互渗透的。在现代的装饰设计中,木、石、水泥、瓷砖、玻璃等建筑材料和丝麻等纺织品都是相互交叉,彼此渗透,有时也是可以相互替代的。目前"软装饰"在室内装修中的比例并不高,平均只占到5%,但现在越来越多的家庭喜欢选择"轻装修,重装饰"的方式来设计自己的家,未来的10年内软装饰将占到20%甚至更多。所以软装搭配的实用技巧在未来的装修装饰过程中会处在一个极其重要的地位。

软装的主要构成元素

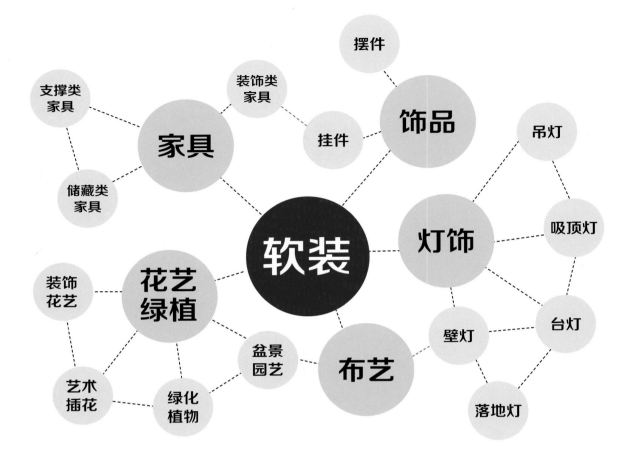

家具

包括支撑类家具、储藏类家具、装饰类家具。如沙发、茶几、床、餐桌、餐椅、书柜、衣柜、电视柜等。

灯饰

包括吊灯、吸顶灯、台灯、落地灯、壁灯、射灯等。灯饰不仅起着照明的作用，同时还兼顾着渲染环境气氛和提升室内情调的作用。

布艺

布艺包括窗帘、床上用品、地毯、桌布、桌旗、靠垫等。好的布艺设计不仅能提高室内的档次，使室内更趋于温暖，更能体现一个人的生活品味。

花艺绿植

包括装饰花艺、鲜花、干花、花盆、艺术插花、绿化植物、盆景园艺、水景等。

饰品（装饰画+装饰摆件）

饰品主要为装饰画和装饰摆件，包括工艺品摆件、陶瓷摆件、铜制摆件、铁艺摆件、挂画、插画、照片墙、相框、漆画、壁画、装饰画、油画等。

软装布置的五大"平衡"原则

■ 按照统一的基调布置房间的饰品

■ 平衡品种

■ 平衡色系

■ 落地灯对称摆放制造和谐的韵律感

■ 平衡数量

平衡风格

布置饰品要结合房间的整体风格，先确定大致的风格与色调，依照这个统一的基调来布置就不容易出错。例如，对于简约的家居设计，如果是乡村风格，就适合以自然随意的饰品为主。

平衡品种

在家居饰品中，每个季节都有不同材质的家居布艺，无论是色彩绚丽的印花布，还是华丽的丝绸、浪漫的蕾丝，只需更换不同风格的家居布艺，就能变换出不同的家居风格，这样做比更换家具更经济，更容易完成。

平衡色系

布艺的色系要统一搭配，以增强居室的整体感，装修中的硬线条和冷色调都可以用布艺来柔化。春天时，挑选清新的花朵图案，让房间里春意盎然；夏天时，水果或花草图案会让人觉得清爽；秋冬季节，可以换上抱枕，温暖过冬。

平衡位置

要想把家居饰品组合在一起，使它成为视觉焦点的一部分，对称平衡很重要。当旁边有大型家具时，排列的顺序应该由高到低，避免视觉上出现不协调感。保持两个饰品的重心一致也是不错的选择，将两个样式相同的灯饰并列摆放，这样不但能制造和谐的韵律感，还能给人祥和温馨的感受。

平衡数量

一般人在布置新居时，经常想把每样东西都展示出来。其实完全不必这样，把饰品都摆出来会让房间失去特色和个性。可以先把饰品分类，相同属性的放在一起即可，然后按照季节或节日来更换，改变不同的居家心情。

室内软装的搭配方法

在新中式室内风格设计中，房屋的软装最好是选择亮色系，因为为了体现出浓郁的中式装修气息，其空间内的硬装与家具多选择用实木色，这样的色彩看上去显得比较深沉，房屋看起来会显得特别压抑。因此在布置软装的时候，最好选择用红色或者黄色这些比较鲜艳的色彩来提升室内的色彩感。

为了让中式装修的氛围显得更加强烈，在家居的配饰上最好选择一些字画或者古玩来装点，这样可以将中式文化的底蕴凸显得更加到位。业主们在选择配饰的时候，要注意其独特性与统一性，这样完美的搭配才能让家居配饰成为中式装修中一种隐藏不掉的风情。

比例与尺寸

在美学中，最经典的比例分配莫过于黄金分割了。如果你没有特别的偏好，不妨就用1：0.618的完美比例来划居室空间，这会是一个非常讨巧的办法。例如不要将花瓶放在窗台正中央，偏左或者偏右放置会使视觉效果活跃很多。但若整个软装布置采用的是同一种比例，也要有所变化才好，不然就会显得过于刻板。

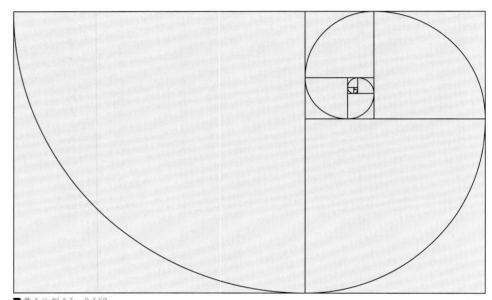

■ 黄金比例为1：0.168

稳定与轻巧

稳定与轻巧的搭配在很多地方都适用。稳定是整体，轻巧是局部。软装布置得过重会让人觉得压抑，过轻又会让人觉得轻浮，所以在软装搭配的时候要注意色彩的轻重结合，家具饰物的形状大小分配协调和整体布局的合理完善等问题。在居室内应用明快的色彩和纤巧的装饰，追求轻盈纤细的秀美。例如，把黄、绿和浅灰三色作为客厅中的主要色彩。灰色向来给人稳重高雅的感觉，黄色冲淡了灰的沉闷，而绿色中和了黄的耀眼，所有的布置都是为了最终形成稳定与轻巧的完美统一。

■ 注重色彩的轻重结合

■ 主角与配角

■ 统一与变化

■ 安徽国贸天琴湾样板房

对比与调和

在家居布置中，对比手法的运用无处不在。设计师可以通过光线的明暗对比、色彩的冷暖对比、材料的质地对比、传统与现代的对比等使家居风格产生更多层次、更多样式的变化，从而演绎出各种不同节奏的生活方式。调和则是将对比双方进行缓冲与融合的一种有效手段，例如通过暖色调的运用和柔和布艺的搭配。如果你有独特的品位且我行我素，那么尽管使用强烈的对比吧，否则还是选择柔和一点的。

主角与配角

当主角与配角的选择确认下来，其他的布置也就顺理成章了，确认主角是软装布置中需要考虑的基本因素之一。在居室装饰中，视觉中心是极其重要的，人的注意范围一定要有一个中心点，这样才能产生主次分明的层次美感，这个视觉中心就是布置上的重点。对某一部分的强调，可打破全局的单调感，使整个居室变得有朝气。但视觉中心有一个就够了，就如一颗石子丢进平静的水面，产生一波一波的涟漪，自会惹人遐思。如果客厅选择了一盏独一无二的吊灯，那么就不能增添太多的视觉中心了，一旦配角超越了主角，就容易犯喧宾夺主的错误。

统一与变化

软装布置应遵循多样与统一的原则，根据大小、色彩、位置使之与家具构成一个整体，营造出自然和谐、极具生命力的统一与变化。家具要有统一的风格和韵味，最好成套定制或尽量挑选颜色、式样格调较为一致的软装饰品，再加上人文方面细节的点缀，进一步提升居住环境的品位。如可以将有助于食欲的黄色定为餐厅的主色，同时在墙上挂一幅青绿色的装饰画作为整体色调中的变化。

目录
· CONTENTS ·

【家具】

　　中式家具分为明式家具和清式家具，明式家具主要看线条和柔美的感觉，清式家具主要看做工。中式家具无论是明式还是清式，在款式设计上都秉承以宫廷建筑为代表的中国古典建筑的室内装饰设计艺术风格，具有气势恢弘、壮丽华贵、高空间、大进深、雕梁画栋、金碧辉煌，造型讲究对称、色彩讲究对比等特点。传统意义上的中式家具取材非常讲究，一般以硬木为材质，如鸡翅木、海南黄花梨、紫檀、非洲酸枝、沉香木等珍稀名贵木材。图案多以龙、凤、龟、狮等，精雕细琢，集艺术、养生、收藏价值于一身。雕花上只保留传统家具的最显著特征就是皇室家具的"万字纹"和"回"形纹，在家具脚的处理上多采用"马蹄"型脚。现在市面上的中式家具更重视其实用价值，对繁琐的雕刻工艺进行了精减。许多流传下来的中式家具已经失去原有的使用功能，可是中式家具的美仍值得在现代空间中广泛运用。

家具

中式家具的历史源远流长，在长期的发展中演化出众多造型各异、异彩纷呈的家具种类。按照家具的使用功能可以分为卧类家具，如床、榻等；坐类家具，如椅、凳、沙发等；置物类家具，如桌、案、几等；储藏类家具，如橱、柜等；屏风类家具，如坐屏、曲屏、挂屏等；支架类家具，如盆架、灯架、衣帽架、毛巾架和梳妆台等中式古典家具。

■ 置物类家具

■ 坐类家具

■ 交椅

■ 圈椅

■ 宝座

置物类家具不仅可以倚靠凭伏，而且可以承托各种器物，依其结构的不同，分别称之为桌或案。桌案类家具花样繁多：炕桌、炕几、炕案；香几；酒桌、半桌、方桌；条几、条案；书桌、书案、画桌、画案；其他桌案等多不胜数。

坐类家具主要以椅凳为主，椅凳类包括：杌凳、坐墩、交杌、长凳、椅、宝座等等。杌字的本义是树无枝，杌凳往往被作为无靠背坐具的名称。明式椅子大致分为圈椅、宝座、交椅、扶手椅和靠背椅五种。

交椅

交椅，因其交椅下身椅足呈交叉状而得名。据资料考证，起源于古代的马扎，也可以说是带靠背的马扎。对于交椅，我们的祖先倾注了大量的心血，一时成为人们身份的象征。在中式家具最为辉煌的明代有交椅、圈椅、官帽椅三分天下之说。在提到中式椅子的时候很多人马上就会想起太师椅。我们现在说的太师椅大多指的

是那种方方正正的扶手椅，但这只是清代以后的称谓，最早的太师椅其实指的是交椅。

扶手椅

扶手椅指的是兼具靠背与两侧扶手的款式，其一是南官帽椅，北方地区称为玫瑰椅，南方地区称为文椅。其二是四出头官帽椅，官帽椅是以其造型类似古代官员的帽子而得名。

靠背椅

靠背椅产生于南北朝，唐代以后使用的更加普遍。椅面一般为方形，有靠背，拱形搭脑。靠背椅的造型特点就是靠背无扶手，并且靠背搭脑不出头。这种椅子的靠背有不同形式，有称其为"一统碑式"椅子的。另一种被称为"灯挂椅"，他的横梁长出两柱，又微向上翘，犹如挑灯的灯杆，故而得名。在用材和装饰上，硬木、杂木、彩漆描金，填漆描金、各色素漆和攒竹等做法皆有之。明清时期的

■四出头官帽椅

■玫瑰椅

■灯挂椅

靠背椅制作更加精细。在选材方面，一般选用红木和楠木。

圈椅

圈椅是明式家具中最具有文化品位的坐具，它暗含中国古典哲学天圆地方，亦称罗圈椅，是指椅子后背搭脑与扶手由一整条圆润流畅的曲线组成。到明朝圈椅渐成风尚，甚至于在现代室内设计中，也是融合度最高的品项。

宝座

宝座又称宝椅，一般单独使用。在明清一般置放于皇帝或后妃寝宫的正殿，后置屏风，边置香几、宫扇等。紫檀宝座是中式明式家具的经典，不仅用料考究，工艺要求也非常精湛，要将紫檀的大气和荷花的出污不染合而为一，非常不易。宝座多给人一种威严、沉稳、大气的感觉，有"宜矮不宜高，宜宽不宜狭"的说法。在现代仿古家具中，宝座一般选择黄花梨

或是香枝木制作而成。这充分利用了黄花梨色彩华丽、卓尔不群的特色，把它的纹理和色彩发挥到最佳，既可以有大件宝座突出的气势，又不会使小宝座显得局促小气。

坐墩

坐墩又名肃墩，由于其上多覆一方丝织物而得名。在明代及前清时期的坐墩上还保留着藤墩和木腔鼓的痕迹。

■坐墩

交杌

交杌俗称马扎，和胡床类似，自东汉从西域传至中土，百年来流传甚广，基本制式是由8根直木构成，长期无变化。

■交杌

长凳

明清时期，长凳式样繁多。小条凳是民间日用品，二人凳宜两人并坐，至今江南地区仍在使用。

■长凳

■ 罗汉床

■ 架子床

■ 博古架

■ 圆角柜

■ 陈设柜

　　卧类家具则包括榻、罗汉床、架子床等。传说罗汉床以前主要是出现在庙堂之中，并且是方丈或者是主持一类的高层人物才能使用的。因为他们白天在上面打坐，而到了晚上就在上面睡一觉。有身份的大和尚又被称之为罗汉，因此他们睡的床也就成为罗汉床了。但是传统罗汉床通常给人的印象是：方正冰冷的床围密不透风，繁琐到夸张的雕刻修饰，低沉暗淡的色泽，由此带来的是"不舒服、不时尚、不协调"的评价。一般在家里很少有人摆罗汉床。不过，那已经是过去式，现在罗汉床的各种新玩法，或许你的印象会改观。

　　储藏类家具，柜架类包括架格、亮格柜、圆角柜、方角柜等。书格即书柜、架格、书架，不是专门用来放置书籍，它的基本特征是以立木为四足，用横板将空间分隔为若干层。亮格柜是亮格和柜子相结合的家具，明式的亮格都在上，柜子在下，兼备摆饰与收藏两种功能。圆角柜又名面条柜，圆角柜柜顶的前、左、右三面有小檐凸出，称为柜帽，柜帽转角处多削方棱成为圆角，所以叫作圆角柜。方角柜当然就是四角见方，上下同大，腿足垂直无侧脚。

屏风

　　屏风是屏具的总称，包括由多扇组成，可以折迭或向前兜转的"围屏"和下有底座的"座屏"。中式屏风一般可分为立屏、挂屏和台屏三种种类，其中立屏中包含折叠屏风和大型插屏两种。大型插屏主要分为座屏和落地屏，大型插屏形体大，多设在厅堂，一般不会移动；座屏即插屏式屏风，是把单独屏风插在一个特制的底座上。座屏有独扇、三扇、五扇等奇数规格，独扇座屏与底座可连可卸，可卸的称为"插屏式座屏风"。这两种屏风类型主要适用于风水摆设以及装

■ 折叠屏风

■ 座屏

■ 大型插屏

饰之用，雕刻内容主要是以大型人文、神话及历史故事为主，雕刻手法一般使用浮雕、透雕等等。挂屏为明末才开始出现的一种挂在墙上作装饰用的屏牌，大多成双成对，四扇为四条屏等，到清朝后此种挂屏十分流行，至今仍为人们喜爱。挂屏一般是放置在书房内或者点缀特殊场所，给人一种清新淡雅、超凡脱俗的感觉。除了中式装修类的花格外通常不使用透雕的手法，以深浅浮雕居多。雕刻的主题有很多，有经典历史故事，花草类以及动物类以及临摹一些名人的字画。

楹（yíng）联与其他类

凡不宜归入以上几大类的家具只能放在其他类，故品种颇多，有笔筒、闷户橱、提盒、都承盘、镜台、官皮箱、微型家具等。笔筒出现于明朝嘉靖、隆庆、万历时期，大都造型简单实用，口底上下相似呈筒状，是案头工具必不可少的装饰实用品，极具观赏和艺术价值，深得文人墨客的喜爱。笔筒源自笔架和笔船，笔架至今仍在使用，笔船由于笨拙被笔筒所代替。综合来说，明代的匠师们能把造型和结构做到尽善尽美，在选料及装饰线脚、雕刻、镶嵌上创造出完美的风格，为清代家具和以后的现代家具建立了完美的表现形式。

新中式家具，用简练的线条表达深远的意境，用质朴的纹理传递古雅的气韵。沉淀千年的东方生活美学，没有在时代的洪流中渐渐消退，却以简约空灵却不失内涵的设计，站稳历史的脚跟，时至今日，仍散发出永不落伍的魅力。新中式家具，是现代人的审美需求的回归，打造富有古典情调的生活空间，就要找到完美的平衡点，以更轻盈、质朴、自然的方式呈现出来。

■ 笔架

■ 微型家具摆件

【靠背椅】

　　靠背椅产生于南北朝，唐代以后使用得更加普遍。椅面一般为方形，有靠背，拱形搭脑。靠背椅的造型特点就是靠背无扶手，并且靠背搭脑不出头。这种椅子的靠背有不同形式，有称其为"一统碑式"椅子的，另一种被称为"灯挂椅"，他的横梁长出两柱，又微向上翘，犹如挑灯的灯杆，故而得名。在用材和装饰上，硬木、杂木、彩漆描金、填漆描金、各色素漆和攒竹等做法皆有之。明清时期的靠背椅制作更加精细，在选材方面，一般选用红木和楠木。

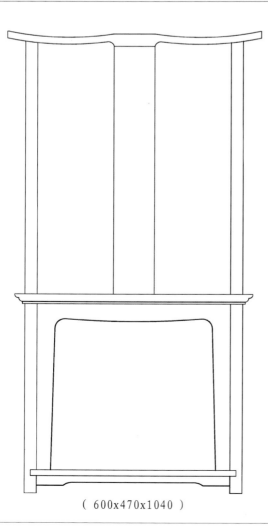

（ 600x470x1040 ）

【宝座】

宝座作为中式家具中的大型坐具，自古以来就被人们所敬仰。在明清，由于宝座是统治阶级专用的坐具，一般选料巨大，用料考究，多为紫檀或黄花梨，还应用了大量的镶嵌，尤其是清式宝座家具中更是突出。到了现代，宝座已经成为普通百姓家中的陈设。为了更加符合普通人的居住环境，现在的宝座多是形制较小的小宝座形式，在摆放时成对摆放，配以桌几，显得郑重又不过于张扬。现代仿古家具中，宝座一般选择黄花梨或是香枝木制作而成。这充分利用了黄花梨色彩华丽、卓尔不群的特色，把它的纹理和色彩发挥到最佳，既可以有大件宝座突出的气势，又不会使小宝座显得局促小气。

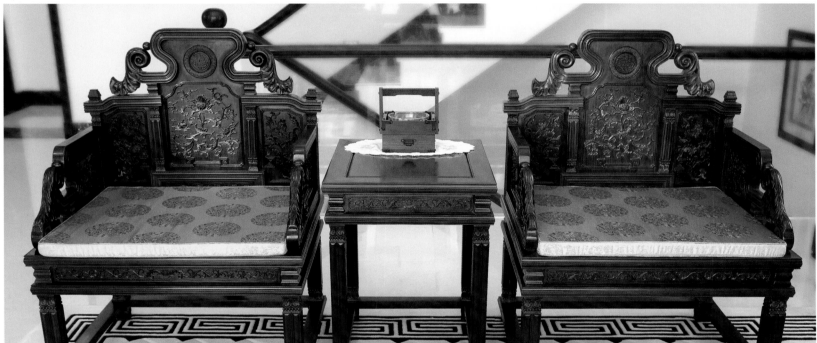

【圈椅】

　　圈椅起源于宋代的汉族传统家具，圈椅最明显的特征是圈背连着扶手，从高到低一顺而下；坐靠时可使人的臂膀都倚着圈形的扶手，感到十分舒适，颇受人们喜爱。圈椅的造型圆婉优美，体态丰满劲健，是我们民族独具特色的椅子样式之一。圈椅是方与圆相结合的造型，上圆下方，以圆为主旋律，圆是和谐，圆象征幸福；方是稳健，宁静致远，圈椅完美地体现了这一理念。圈椅的扶手与搭背形成的斜度，圈椅的弧度，座位的高度，这三度的组合，比例协调，构筑了完美的艺术想象空间。

(700x450x900)

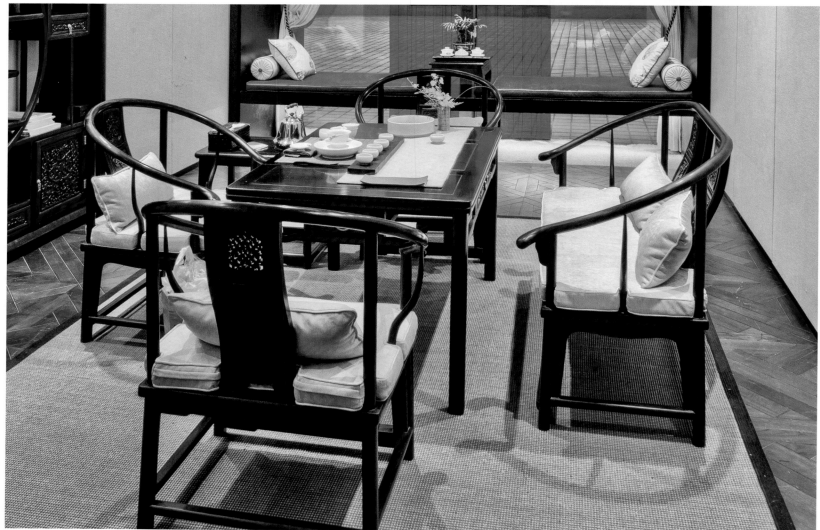

【官帽椅】

官帽椅因其造型像古代官员的帽子而得名，是家具档次的象征。官帽椅分四出头官帽椅："四出头"是指椅子的"搭脑"两端出头，左右扶手前端出头。四出头官帽椅标准的式样是后背为一块靠背板，两侧扶手各安一根"连帮棍"。椅的搭脑和扶手均出头，搭脑过立柱后仍向前探，并在尽端向外挑出、翘起，搭脑中段弧度呈罗锅式，扶手两端外撇，与搭脑和谐统一，曲线优美，富有弹性。南官帽椅：搭脑左右和扶手前端不出挑，南方的工匠又称之为"文椅"，在南方使用得比较多。造型特点主要是在椅背立柱与搭头的衔接处做出软圆角。多为花梨木制作，而且大多用圆材，给人以圆浑、优美的感觉。

（600x470x1040）

【玫瑰椅】

　　玫瑰椅是明代扶手椅中常见的形式，其特点是靠背、扶手和椅面垂直相交，尺寸不大，用材较细，给人一种轻便灵巧的感觉。追溯起源，是吸取了宋代流行的一种扶手与靠背平齐的扶手椅并加以改进而成。常见的式样是在靠背和扶手内部装券口牙条，与牙条端口相连的横枨下又安短柱或结子花。也有在靠背上作透雕，式样较多，别具一格。这种扶手椅的后背与扶手高低相差不分，比一般椅子的后背低，靠窗台陈设使用时不会高出窗沿，造型别致。为了轻便适用，小型的椅子没有脚枨，而扶手的下降，更是合理的改进，避免把坐者的两肘架得过高而感到不舒适。

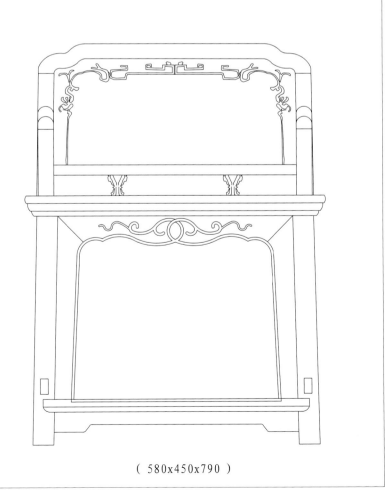

（580x450x790）

【沙发】

　　沙发形状上分单人沙发、双人沙发、长形沙发以及圆形沙发等。在材料方面分皮质沙发、布艺沙发、藤制沙发以及酸枝椅沙发等，在颜色和造型方面更是花样繁多。中式装修客厅沙发一般是方圆两种沙发并用。中式沙发的特点在于整个裸露在外的实木框架，上置的海绵椅垫可以根据需要撤换。这种灵活的方式，使中式沙发深受许多人的喜爱，冬暖夏凉，方便实用，适合我国南北温差较大的气候。中式古典造型沙发一般都采用一些的传统造型元素，运用传统的工艺结构，所以结构比较复杂。这类沙发外露部分常用雕刻、镶嵌、描绘、涂饰等工艺进行装饰处理。

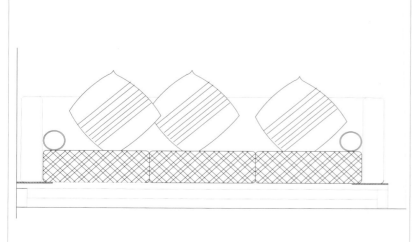

【凳】

凳，指有腿没有靠背的坐具：长凳、方凳、小圆凳。凳子的前身是马扎，在民间的称谓叫杌凳。最初用来踩踏上马、上轿时使用，所以也称马凳、轿凳。民间俗称的名字中，还有"武凳"，因为习武之人坐如钟，不需要倚靠什么，因此得名。凳子用料简单，用途广泛，所以比椅子流传的数量大。凳子的形状很丰富，出现的早期是长方形，一直延续到明代，到了清代变成方形，还出现圆形、扇面形、梅花形、六角形的凳子。

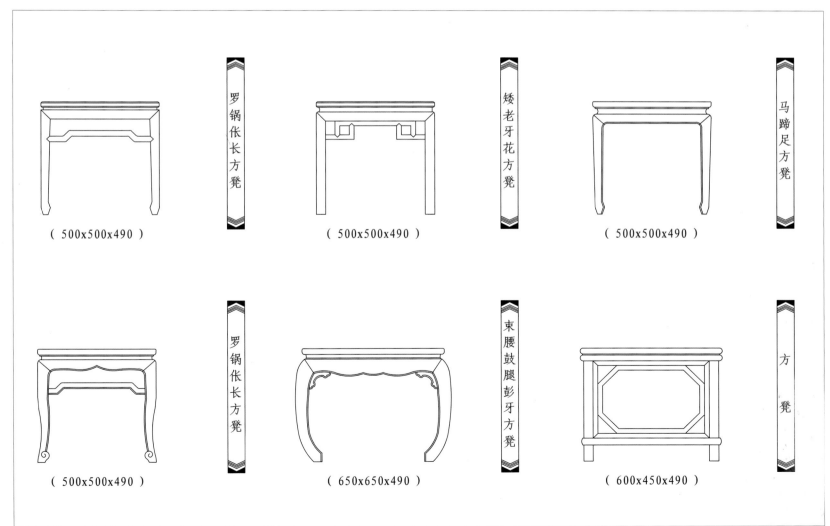

罗锅伥长方凳
（500x500x490）

矮老牙花方凳
（500x500x490）

马蹄足方凳
（500x500x490）

罗锅伥长方凳
（500x500x490）

束腰鼓腿彭牙方凳
（650x650x490）

方凳
（600x450x490）

【桌子】

　　桌子是一种常用家具，上有平面，下有支柱，可以在上面放东西或做事情。桌子按功能需求可以分为办公桌、餐桌、茶桌等。具有中式元素的桌子，更多用作餐桌和茶桌，以实木为主。中式桌子材质结构粗，色泽淡雅，纹理清晰美观，并且具有独特的天然木香，高端的用材，是中式桌子的尊贵之选。中式桌子漆面细腻光滑，光泽度好，还原了实木的天然色泽和纹理，更加增添天然大气之感，古朴大方，清新压寨，再现中式风格的非凡气势。简约的直线条，让一切都回归了自然，呈现出最本真美好的状态，餐桌的桌脚质地坚实，使用寿命长，承重性能好。

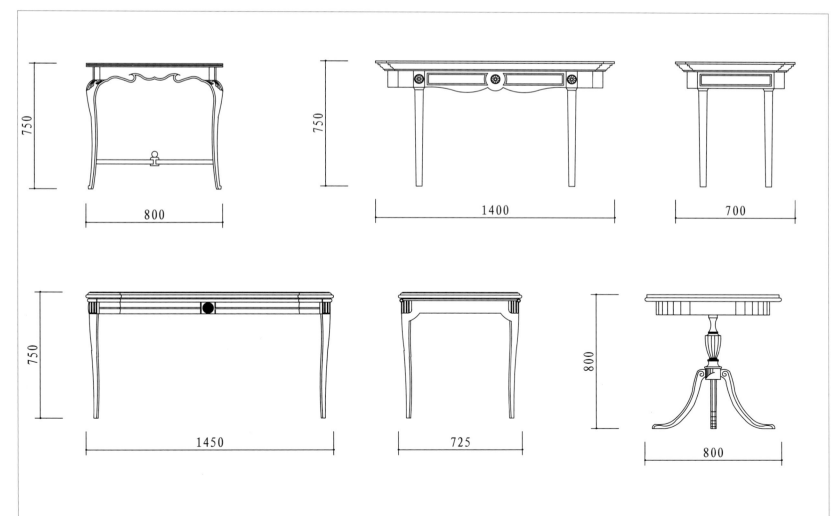

【茶几】

茶几在中国是入清之后开始盛行的家具，高度与扶手椅的扶手相当，一般分方形和矩形两种。从明代绘画中所见，当时香几兼有茶几的功能，到了清代，茶几才从香几中分离出来，演变为一个独立的新品种。一般来讲，茶几较矮小，有的还做成两层式，与香几比较容易区别。清代茶几较少单独摆设，往往放置于一对扶手椅之间，成套陈设在厅堂两侧。由于放在椅子之间成套使用，所以它的形式、装饰、几面镶嵌及所用材料和色彩等多随着椅子的风格而定，多见摆放于客厅。到了现代，茶几的材质有很多种，木质、大理石、玻璃等都是常见的材质。

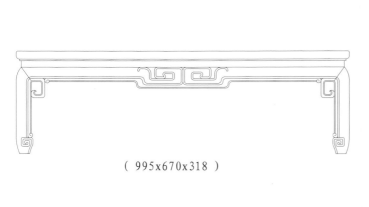

（995x670x318）

【电视柜】

电视柜不单是摆放电视的用途，而是集电视、机顶盒、DVD、音响设备、碟片等产品收纳和摆放的一种家具。电视柜的高度及尺寸在设计或者购买的时候一定要注意，电视柜的高度应让使用者就坐后的视线正好落在电视屏幕的中心。电视柜的高度及尺寸必须是和客厅的沙发设计及尺寸相对应，当然也要充分考虑色调、材质、风格这些，还要考虑电视柜和电视的尺寸兼容。电视柜按结构可分为分地柜式、组合式、板架式等几种类型。使用最多、最常见的是地柜式，地柜式的电视柜的最大优点就是能够起到很不错的装饰效果，无论是放在客厅还是放在卧室中，它都会占用极少的空间却起到最好的装饰效果。

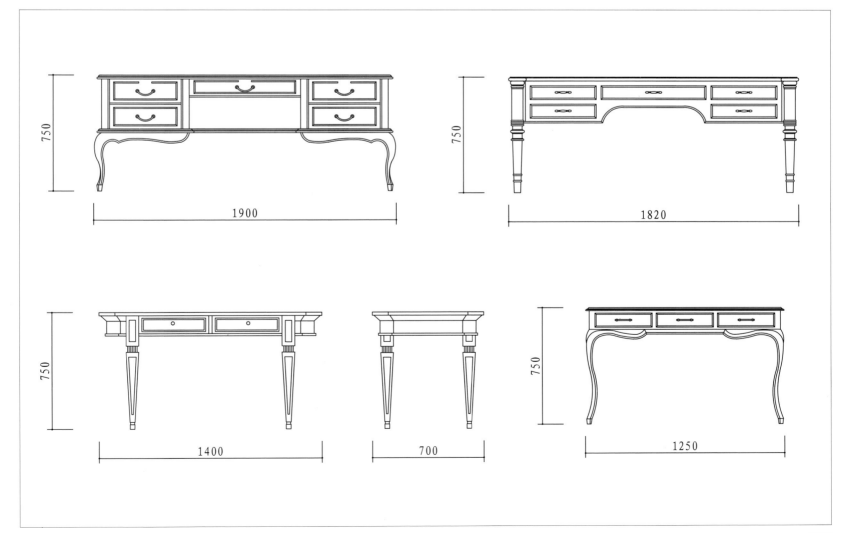

【斗柜】

斗柜，顾名思义指适用于存放东西的柜子，其收纳能力很强。它由多个抽屉并排组合，便于收纳小型物品，但其功能比较单一。比较常见的有三斗柜、四斗柜、五斗柜、六斗柜、七斗柜。斗柜的风格有英式风格、韩式风格、现代风格、田园风格、古典风格、中式风格等。各类斗柜各有特色，在家具市场上，犹如百花齐放，争奇斗艳。斗柜主要以长方体为主，在家中发挥着无法替代的收纳功能，斗柜放在卧室、客厅、玄关，摆上绿植、照片、收藏品就是家里的艺术角。

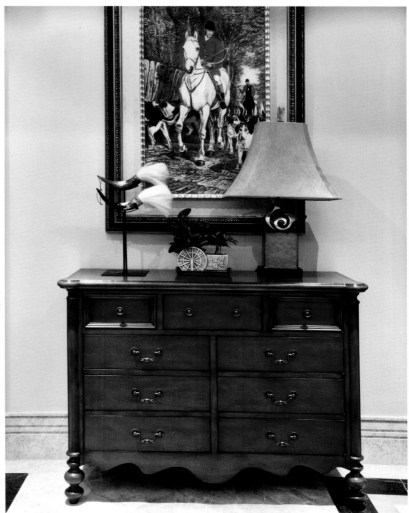

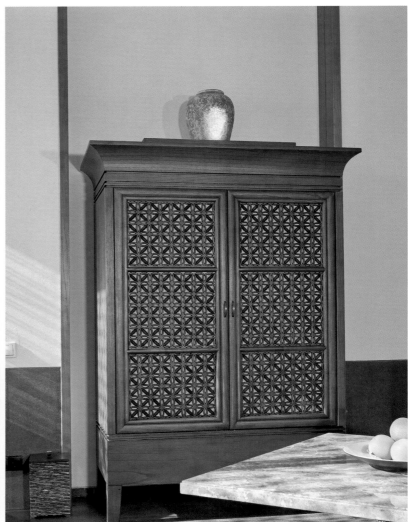

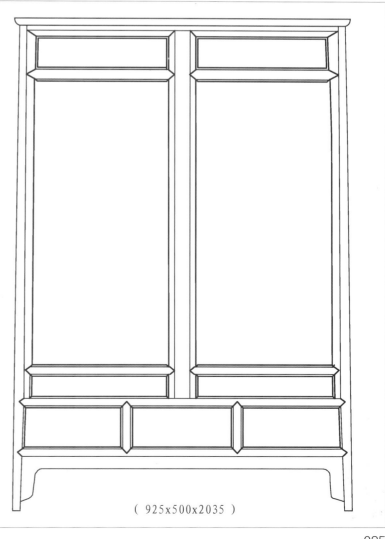

（ 925x500x2035 ）

【酒架】

酒架即放置红酒、洋酒及各种酒水的架子。以安全、美观为使用目的。酒架主要用在商业酒窖、商场、酒吧、家庭、酒店、西餐厅及各种高档会所等。酒架的一个很重要的作用就是，它往往是一个整体酒窖设计中的主要部分，一切设计如装饰等都以它为中心来进行。现在市场上的酒架从材质来说一般有实木酒架和金属酒架，木质酒架偏向古典风格，金属酒架偏向现代风格。因为气候的原因在北方金属酒架比较常见，在南方实木酒架比较常见。如果是要固定在墙上，可以选择壁挂式酒架，如果是放置在地面，可以选择竖立式酒架。

【书架】

　　书架属于家具的一种，由可以放置东西的架子组成，一般为垂直或水平的，依照材质分成金属制书架和木质书架。可以用来储存书籍。由于其形态、结构的不同，又有书格、书柜、书橱等其他名称。书柜的高度尺寸要根据书柜顶部最高至成年人伸手可拿到最上层隔板书籍为原则，过高担心书籍掉下来容易造成安全隐患而且不方便拿取书籍；另外也会影响书柜重心力，造成书柜放置不稳造成安全隐患，同时也影响书柜使用的稳定性。书架的深度尺寸，根据目前一般的书籍规格即可。

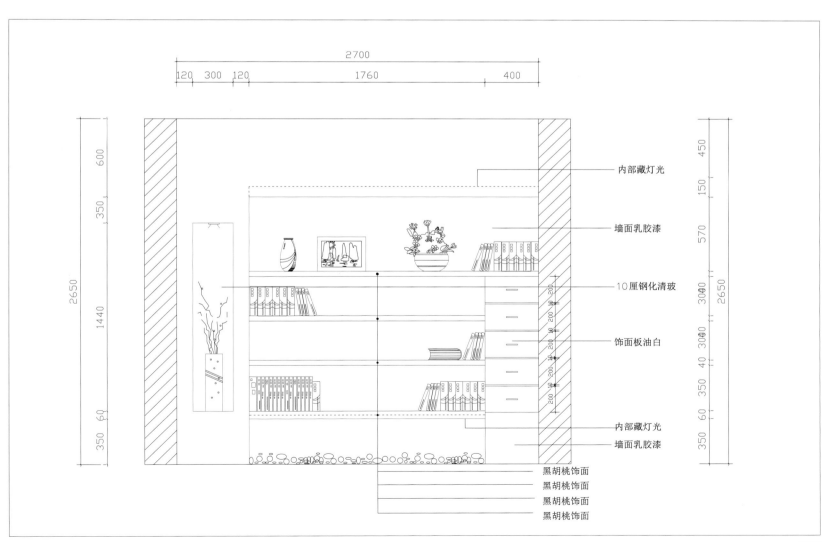

内部藏灯光

墙面乳胶漆

10厘钢化清玻

饰面板油白

内部藏灯光

墙面乳胶漆

黑胡桃饰面

黑胡桃饰面

黑胡桃饰面

黑胡桃饰面

【博古架】

古典、婉约的博古架不仅可以起到装饰效果，还可以巧妙划分空间，呈现独有的大东方韵味。采用中式博古架隔断时，要充分考虑室内整体风格以及博古架的色、质、形，以免产生突兀的感觉。将博古架置于玄关处，能够有效避免开门见厅的尴尬，更符合国人讲究的内敛、含蓄。博古架上放置的古珍奇玩能体现主人的审美与品味，更是提升了整个空间的高雅格调。中式博古架隔断外形简单、大方，还能收纳物品，节省不少空间。

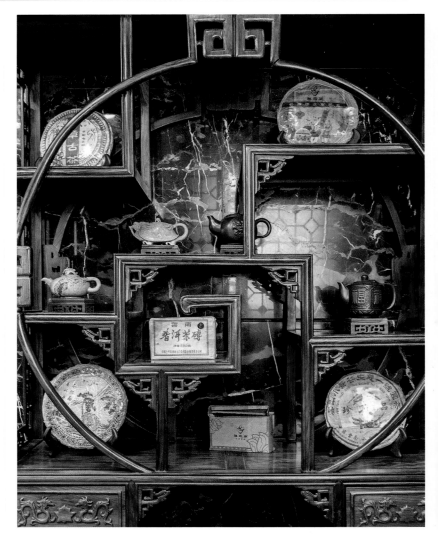

【罗汉床】

罗汉床是我国传统卧具之一，可以说是传统家具的代表之一。随着人们审美观的变化，传统的罗汉床在设计上也发生着改变。罗汉床的作用不仅供人们小憩休息使用，还有坐的功能，并且坐的功能大于卧的功能。罗汉床的中间一般都会放置一个小茶几，然后在茶几的两边铺上坐垫。整体看上去形态十分庄重，典雅气派。如今，因为罗汉床的使用显得比较随性，所以摆放在室内室外都不错。但一般我们的罗汉床摆放较为固定的位置，主要还是客厅、卧室、书房。罗汉床多数框架都是实木所制，所以应尽量避免阳光的直晒，注意将其放在通风处，这样可以有效地保持空间环境的干燥度。

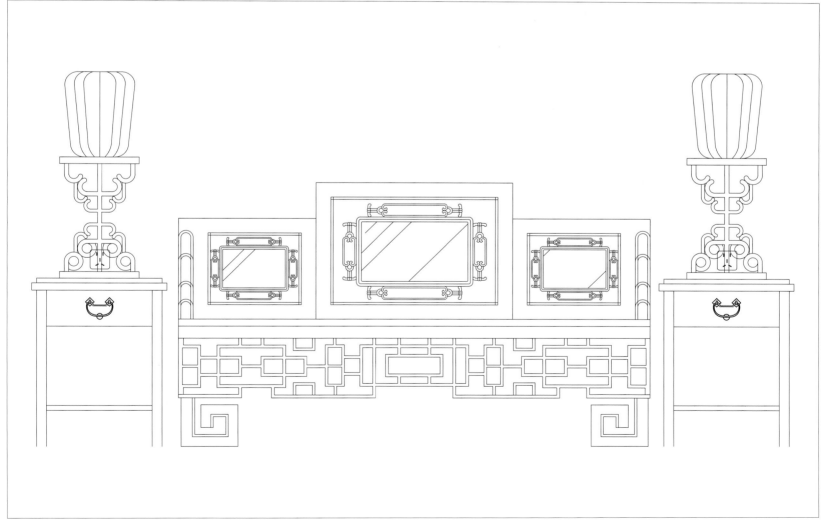

【架子床】

架子床是一种始于汉族的卧具，因床上有顶架而得名，一般四角安立柱，床面两侧和后面装有围栏，床身上架置四柱。架子床在明代家具中是体型较大的一种家具，做工精美，清雅别致，如以黄花梨木制作，弥足珍贵。清代架子床不仅用料繁重，形体高大，且围栏、床柱、牙板、四足及上楣板等全部镂雕花纹，还有在正面装垂花门的，玲珑剔透。民国时期架子床的门两侧多镶有条塞板。到了现代，架子床已经简化到仅剩四角安立柱了。

【座屏】

座屏，由插屏和底座两部分组成。插屏可装可卸，用硬木作边框，中间加屏芯。大部分屏芯多用漆雕、镶嵌、绒绣、绘画、刺绣、玻璃饰花等作表面装饰。底座起稳定作用，其立柱限紧插屏，站牙稳定立柱，横座档承受插屏。底座除功能上需要外，还可起装饰作用，一般常施加线形和雕饰，与插屏相呼应。座屏按插屏数分为独扇（插屏式）、三扇（山字式）和五扇等。此外，还有一种放在桌、案上作陈设品的屏风，其形式与独扇式座屏风完全一样，又称为砚屏、台屏。

【折屏】

　　可以折叠的屏风，一般有四、六、八、十二片单扇配置连成。因无屏座，放置时分折曲成锯齿形，故名"折屏"。折屏是中国古代居室内重要的家具、装饰品，其形制、图案及文字均包含有大量的文化信息，既能表现文人雅士的高雅情趣，也包含了人们祈福迎祥的深刻内涵。折屏的屏扇屏芯装饰方法一般有素纸装、绢绫装和实芯装，又有书法、绘画、雕填、镶嵌等表现形式。主要运用在中式风格的室内空间，陈设于室内的显著位置，起到分隔、美化、挡风、协调等作用。

【灯饰】

灯具，设计思想侧重于照明的实用功能（营造视觉环境、限制眩光等），很少考虑装饰功能，造型简单，结构牢固。表面处理不追求华丽，但力求防护层耐用。灯具，是为光源而配备的，只是作为人们照明功能的器具。而灯饰的设计，不但侧重于艺术造型，而且还考虑到灯型、色、光与环境格调相互协调、相互衬托，达到灯与环境相互辉映的效果。生产者用于装饰功能这方面的成品投入，不惜高出基本照明功能成本的5倍、10倍、20倍，这就是灯饰的特点。中式灯饰一般带有中国特色的图案，符合国内人对自己传承的文化的认同感。中式灯饰讲究的是雕刻彩绘、造型典雅。"没有中式元素，就没有贵气"。古香古色的中式灯亲近自然，朴实亲切，简单却内涵丰富。新中式灯饰，在材质上主要以亚麻布艺灯罩+铁艺为主。在色彩上讲究对比，图案多为清明上河图、如意图、龙凤、京剧脸谱等中式元素，强调古典和传统文化神韵的感觉。

不同功能空间的灯饰选择

灯饰，设计思想上侧重于照明的实用功能（包括营造视觉环境、限制眩光等），很少考虑装饰功能，造型简单，结构牢固。而灯饰的设计，除了本身的照明功能外，也被视作一件艺术品、一种室内装饰，不但侧重于艺术造型，而且设计时还考虑到灯型、色、光与环境格调相互协调、相互衬托，达到灯与环境互相辉映的效果。灯饰的作用被逐步提升到改善环境、烘托气氛方面来，甚至作为一种现代的语言，艺术性地穿梭在各个空间里。

■ 客厅灯饰

■ 餐厅灯饰

■ 卧室灯饰

不同的灯饰的色彩、明暗度、柔和度等不同，同时适合了不同房间风水对灯饰的这些特性的要求。各个房间的功能不同，所选灯饰也就有所不同。风水理论讲究"明厅暗室"，说的是客厅的光线要明亮，而卧室的光线则要暗一些。

玄关

玄关的灯光颜色应该特别明亮，因为玄关是房屋的入口，一定要保证灯饰灯光亮度较高。

客厅

客厅的灯光要充足，太暗淡的灯光会影响主人的事业发展。客厅天花板的灯饰选择很重要，最好是用圆形的吊灯或吸顶灯，因为圆形有处事圆满的寓意。客厅的灯光颜色应该是明亮的，灯光均匀地撒在客厅中，有些缺乏阳光照射的客厅，室内昏暗不明，久处其中容易情绪低落。这种情况最好是在天花板的四边木槽中暗藏日光灯来加以补光，这样的光线从天花板折射出来，柔和而不刺眼。

卧室

卧室是供人休息，养精蓄锐的地方，所以灯光颜色必须柔和，不会让人感觉刺眼，有利于人入睡。

厨卫

注意阴阳平衡，厨房的灯光颜色应该是白色的冷色调，因为厨房要烹饪食物，会用到火，为了保持厨房的阴阳平衡，厨房灯光颜色就要选择冷色调的，和厨房内的火相平衡。

卫生间

灯光颜色应该选择暖黄色的柔和光，这是因为卫生间内用水较多，阴气较重，要用暖色调的灯光来平衡。

中式灯饰设计要点

■中式灯饰讲究对称

■中国传统元素丰富

■方形仿羊皮灯

新中式灯饰，简约的现代时尚感和东方元素特有的内涵巧妙结合，蕴含了大气深邃的东方意境，并且具备了当下的审美趣味，整体设计从东方的传统元素中汲取灵感，传承了中华文化，弘扬了经典国粹。中式灯饰讲究雕刻彩绘，造型典雅，每款产品都能令人对过去产生怀念，对未来产生一种美好的向往。西方学者说"没有中式元素，就没有贵气"。灯饰添加了中式元素，使整体空间感觉更加丰富，大而不空、厚而不重，有格调又不显压抑。简约时尚、高贵奢华的中式灯饰，更能给空间营造一种温馨复古、古香古色的气氛。

灯饰从选择到使用，都是有讲究的。中式灯饰在长久的历史长河之中，融入了很多的现代艺术元素，让中式灯饰变得更加大气和美观了。

新中式灯饰，在材质上主要以亚麻布艺灯罩＋铁艺为主。中式灯饰与传统的造型讲究对称，与精雕细琢的中式风格相比，中式灯饰也讲究色彩的对比，图案多为清明上河图、如意图、龙凤、京剧脸谱等中式元素，强调古典和传统文化神韵的感觉。

其次中式灯饰融入中国传统元素丰富多样的造型"荷塘月色""蝶恋花""清风月明""梅兰竹菊四君子"、中国古典诗词对联、明陶瓷，甚至连古典小说、神话人物都与中式灯饰相结合，制作成立灯、台灯、壁灯、吊灯等不同样式，给人耳目一新、回味无穷的感觉。

还有中式灯饰的装饰多以镂空或雕刻的木材为主，宁静古朴。其中的仿羊皮灯光线柔和，色调温馨，装在家里，给人温馨、宁静的感觉。仿羊皮灯主要以圆形与方形为主。圆形的灯大多是装饰灯，在家里起画龙点睛的作用；方形的仿羊皮灯多以吸顶灯为主，外围配以各种栏栅及图形，古朴端庄，简洁大方。中式灯大气，美观，古朴端庄，简洁大方是家居装饰中一大特点。

【吊灯】

吊灯是吊装在室内天花板上的高级装饰用的照明灯，所有垂吊下来的灯都归入吊灯类别。吊灯适合于客厅、卧室、餐厅、走廊、酒店大堂等。吊灯无论是以电线或以铁支垂吊，都不能吊得太矮，阻碍人正常的视线。中式吊灯的灵感主要来源于中国古时的灯笼方式。中式吊灯延续中国传统之风，造型比较单一，一般为椭圆形如古时候的灯笼；或是方正之形如古时候的宫灯。中式吊灯更多强调其文化性，讲究对称、方正。中式吊灯艺术氛围较浓，一般出现在民族风较浓的地方及文化艺术氛围较浓的地方。

花艺绿植　　　装饰画　　　装饰摆件

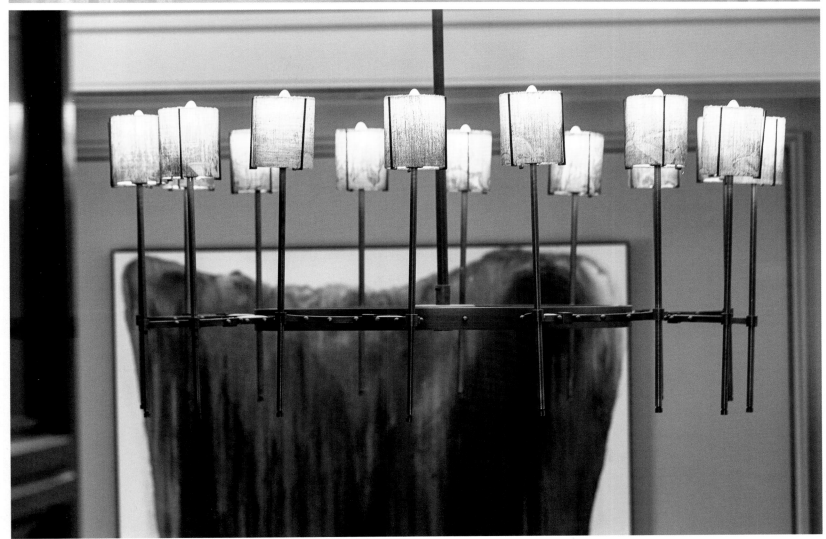

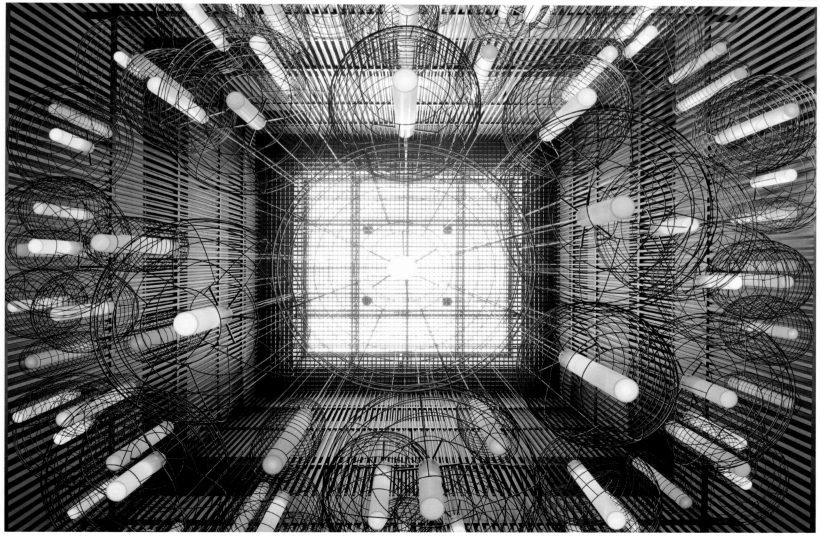

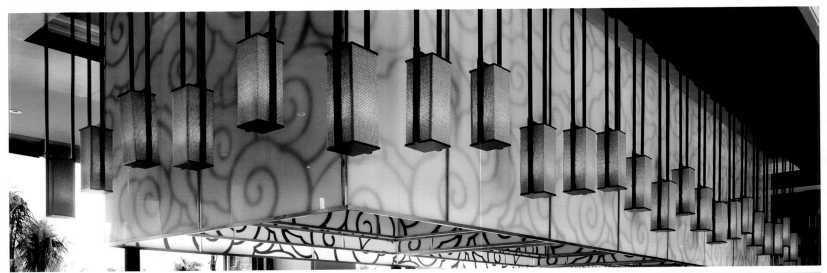

【吸顶灯】

吸顶灯主要安装在房间内部，由于灯饰上部较平，紧靠屋顶安装，像是吸附在屋顶上，所以称为吸顶灯，常用于家庭、办公室、文娱场所等。它是室内的主体照明设备，其光源有普通白灯泡、荧光灯、高强度气体放电灯、卤钨灯等。吸顶灯常用的外观造型有：方罩吸顶灯、圆球吸顶灯、尖扁圆吸顶灯、半圆球吸顶灯、半扁球吸顶灯、小长方罩吸顶灯等。吸顶灯的面罩材料最常见的有亚克力面罩、塑料面罩和玻璃面罩。最好的是经过两次拉伸的进口亚克力面罩，其特点是柔软、轻便、透光性好、不易被染色、不会与光和热发生化学反应而变黄，透光性也较好。

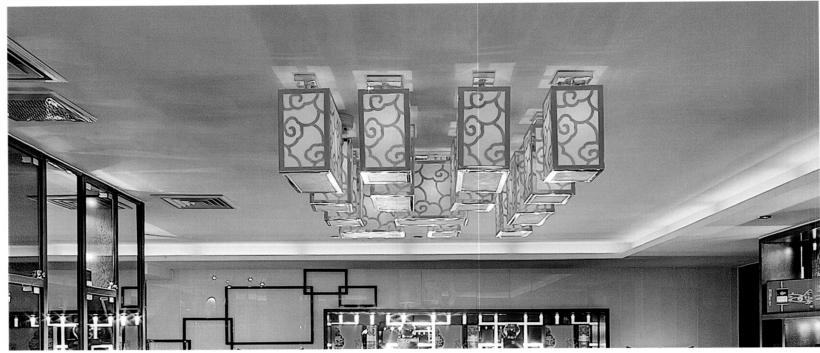

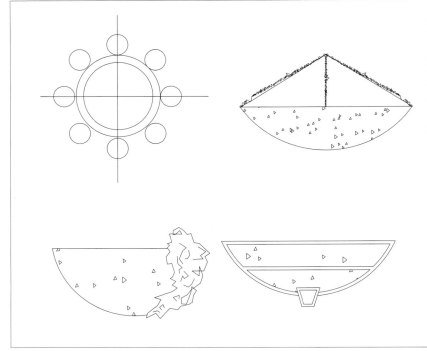

【台灯】

　　台灯，顾名思义，放置在写字台或餐桌上，以供照明之用。一般分为两种，一种是立柱式，一种是夹置式。根据使用功能分类有：阅读台灯、装饰台灯、便携台灯。灯泡分为：节能灯、白炽灯、led灯泡。控制方式有：开关控制、触控式、亮度可调式、甚至声控。台灯的光亮照射范围相对比较小和集中，因而不会影响到整个房间的光线，作用局限在台灯周围，便于阅读、学习，节省能源。在现代家居装饰中，台灯已经远远超出了台灯本身的照明价值，它已经变成了一个不可多得的艺术品，提升着居家的品味。

【落地灯】

落地灯通常分为上照式落地灯和直照式落地灯。一般布置在客厅和休息区域里，与沙发、茶几配合使用，以满足房间局部照明和点缀装饰家庭环境的需求。落地灯的支架多以金属、旋木或是利用自然形态的材料制成。支架和底座的制作或选择，一定要与灯罩搭配好，不能有"小人戴大帽"或者"细高个子戴小帽"的比例失调之感。落地灯的罩子，要求简洁大方、装饰性强。筒式罩子较为流行，华灯形、灯笼形也较多用。落地灯在家居装饰中比较出彩，它既可以担当一个小区域的主灯，又可以通过照度的不同和室内其他光源配合出光环境的变化，同时，还可以凭自身独特的外观，成为居室内一件不错的摆设。

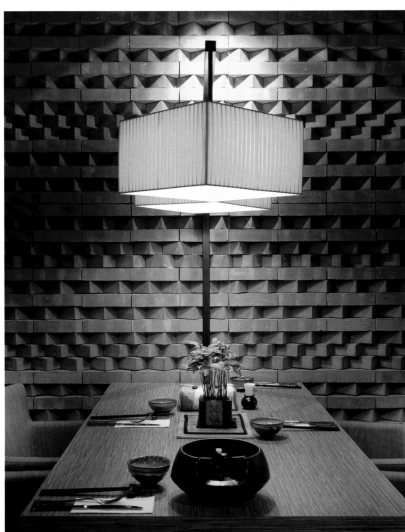

【壁灯】

壁灯是安装在室内墙壁上的辅助照明装饰灯饰，多装于阳台、楼梯、走廊过道以及卧室、适宜作长明灯；壁灯一般多配用乳白色的玻璃灯罩，支架一般是金属制成的。灯罩主要看其透光性是否合适，并且表面的图案与色彩应该与居室的整体风格相呼应。金属的抗腐蚀性是否良好，颜色和光泽是否亮丽饱满都是检查质量的重要指标。灯罩的选择应根据墙体颜色而定，白色或奶黄色的墙，宜用浅绿、淡蓝的灯罩，湖绿和天蓝色的墙，宜用乳白色、淡黄色、茶色的灯罩，这样，在大面积一色的底色墙上点缀上一盏醒目的壁灯，给人以幽雅清新之感。

【布艺】

布艺以轻巧优雅的造型、艳丽的色彩、和谐的色调、美丽多变的图案、柔和的质感给居室带来了明快活泼的气氛，更符合人们崇尚自然，追求休闲、轻松、温馨的心理和浓重的品位。同时，布艺还具有可清洗和更换布套的特点，你随时都可以根据自己的心情，更换不同颜色的布套。布艺装饰比其他装修手段更实惠、更便捷。中式装修风格的客厅所采用的家具以中式实木家具为主，实木家具的颜色以深红、棕黑色为主。实木家具的颜色直接影响了室内空间的主色调。要让整个空间的色调热烈起来，可以给家具换上黄色、红色的缎面坐垫及抱枕等布艺。缎面布艺平滑有光泽，织锦缎花型繁多、色彩丰富、纹路精细、雍华瑰丽，具有民族风格和传统色彩。布艺织物，包括窗帘、床上用品、地毯、桌布、桌旗、靠垫等。好的布艺设计不仅能提高室内的档次，使室内更趋于温暖，更能体现一个人的生活品味。

布艺织物

布艺即指布上的艺术，是古时期中国民间工艺中的一朵瑰丽的奇葩。传统布艺是一种以布为原料，集民间剪纸、刺绣、制作工艺为一体的综合艺术。到了现代，布艺有了另一种含义，指以布为主料，经过艺术加工，达到一定的艺术效果，满足人们的生活需求的制品。当然，传统布艺手工和现代布艺家具之间没有严格的界限，传统布艺也可以自然地融入现代装饰中。

布艺在现代家庭中越来越受到人们的青睐，如果说家庭使用功能的装修为"硬饰"，布艺作为"软饰"在家居中更独具魅力，它柔化了室内空间生硬的线条，赋予居室一种温馨的格调：或清新自然、或典雅华丽、或情调浪漫。布艺装饰包括窗帘、枕套、床罩、椅垫、靠垫、沙发套、台布、壁布等。

■抱枕色彩、图案丰富，选择余地大

■抱枕不同的布质有不同的手感

■抱枕外套更换可当成是沙发的翻新

布艺的选择搭配

挑选布艺首先要先定基调，主要体现在色彩、质地、图案的选择上。在色彩选择时，要结合家具的色彩先确定一个主色调，使整个居室在色彩上协调一致。另外悬挂布艺尺寸要准确，对于像窗帘、帷幔、壁挂等悬挂的布艺饰品，其面积的大小、长短尺寸等要与居室的空间、悬挂的立面的尺寸相匹配，在视觉上也要取得平衡感。如较大的窗户，应以宽出窗洞、长度接近地面或落地的窗帘来装饰；小空间内，要配以图案细小的布料，只有大空间才能选择大型图案的布饰，这样才不会有失平衡。而在色彩图案、款式等方面，也要注意与居室整体风格的搭配，在视觉上首先达到平衡，给人留下一个好的整体印象。

中式风格布艺的三大特点

观感好：新中式布艺沙发可以选用不同的布料做外套，色彩、图案丰富，选择余地大。

手感好：新中式布艺沙发手感柔和、温馨，而且不同的布质有不同的手感。

可替换：当外套使用日久褪色后，可以买新布料来代替。外套更换，可以当成是沙发的翻新。还可以选用自己喜欢的布料，根据一年四季的不同，选用花色不同的外套，尽显个性。

■中式床品的色彩以米色、杏色和浅金等清雅色调为主

■北京泰禾样板房_祥云红地毯

中式风格布艺的运用

中式风格的布艺多选用真丝、绸缎、纱等材质，高贵典雅、自然飘逸、层次感强。花纹多以民族特色的元素为基础，例如具有美好寓意的植物、动物等，并在此基础上进行二次提炼加工，形成"中式传统符号"。

首先，多选择棉麻丝绸等天然材质为主材，色彩以米色、杏色和浅金等清雅色调为主。经常使用流苏、云朵、盘扣等作为点缀。从图案来说，除了经典的龙凤图样，还承袭了自然风十足的花鸟、虫鱼、梅兰竹菊、仙鹤以及蝴蝶等，再借助印花加刺绣的工艺，跃然于布艺产品之上。在运用上，可作为沙发靠垫背、茶几、桌旗、床上用品等，颜色上可用两到三种进行搭配，图案选择不宜过于混乱，两种织物搭配时可用一块素色物品搭配带有花纹的物品。

地面铺手织地毯，配上明清时的古典沙发，其沙发布、靠垫用绸、缎、丝、麻等做材料，表面用刺绣或印花图案做装饰。红、黑或是宝蓝的色彩，既热烈又含蓄、既浓艳又典雅。传统风格的沙发布和靠垫在加入了现代人的简洁意识之后，就有了更为现代人所喜爱的"温柔表情"。与靠垫配套的，还有麻织桌布，通常是本白色，绣以亚麻色寿字图案。

丝绸的设计运用

我国是世界上最早饲养蚕和缫丝纸绸的国家，中华民族的祖先不仅发明了丝绸，并且利用丝绸，使其在服饰上，经济上，艺术上及文化上均散发出璀璨的光芒，被称为中国三大名锦的四川蜀锦、苏州宋锦、南京云锦是丝织品中的优质代表，至今在国际上仍享有盛誉。在具有千年丝绸织造史的中国人的生活中，丝绸一直被视为织物中的上品。其滑爽、舒适、护肤、手感柔软等特点，在中式风格家居中运用十分广泛。丝绸作为布艺面料中的一种，一直倍受设计师们的喜爱，丝绸面料的坐垫、椅靠及床上用品等都会使中式居室情调陡增，也让中式家具飘散出古色古韵的芳香。中国丝绸文化也承载着中国人文精神。丝绸面料中的图案也是体现中式风情的切入点，比如宫袍的图案，其他传统的吉祥图案等。图案的设计布局等都是装饰过程中可以根据主题改变的，这样可以突出设计的多样性与创新性。

【抱枕】

　　抱枕渐渐成为家居使用和装饰的常见饰物。用户对抱枕的颜色、形状、功能、材质都提出了新的要求。抱枕按制作的材料可分为化纤的、棉质的、桃皮绒的、蚕丝的、麻纤维的、真丝香云纱等，不同材料的抱枕给人的感觉差别很大。如今的抱枕也已不再局限于方方正正的四角形模样，圆的、长的、动物、卡通，越来越多的造型能够捕捉不同的个性因子，在色彩、造型上也融入更多奇思妙想，刺绣、珠花、羽毛、珠片、流苏、缎带甚至是石头的应用，让小小的抱枕成为个性十足的精灵。以缝边来区分，可以区分为须边、荷叶边、宽边、内缝边、滚边及发辫边等，不同的缝边能显示出不同的品位。

【床品】

    床品主要包括：枕芯、被褥、床垫、枕套、被套。这里特指枕套、被套、床单等。纯棉材质的床品具有良好的吸湿性、透气性，质感柔软，舒适、使用性能优良，染色性能好，耐热性和耐光性能均较好等优点，一年四季均适用，在目前床品中最受欢迎；其他纯麻、丝棉、天然蚕丝、真丝等材质相对而言市场份额较小。床品中支数就是表示纤维或纱线粗细程度的单位，支数越大则纱线越细。通常市场上是30~40支的中低档纱线，60支以上都属于高档纱线。 根数是指单位长度内纱线的根数，密度越高，纱线越多，面料越严密，所以根数越高越好。通常市场上是200根以下的斜纹面料，300根以上都属于高档面料。

【地毯】

　　地毯的品种很多，分类的方法也很多。按材料分，主要有天然材料和人造材料两大类；以制作工艺分，主要是手工纺织和机器纺织两种。用天然材料采取手工编织制作的地毯，具有较高的艺术价值。由于其工艺精美，图案丰富，主要用于室内的重点地面装饰部位。这类地毯的优点是装饰性强，本身的弹性好，不易变形，隔热性能好，但是价格偏高。用人造材料采取机器纺织的地毯，原料主要为涤纶、尼龙等，可以起到吸尘、防潮、保温的作用。因为价格低效果好，是当前市场上使用最多的。

【花艺绿植】

　　花艺绿植，是花卉艺术和绿植造型的简称，也是广义的插花和绿植造景。更确切地讲，就是用剪切下来的各种花材、植被和其他装饰性材料进行艺术造型的创造活动。因此，花艺绿植与插花艺术的创作原理和艺术表现手法基本相同。通过一定的技术手法，花材、绿植的排列组合让场景变得更加赏心悦目，体现自然与人的完美结合，形成花的独特语言，让欣赏者解读与感悟。花艺绿植与插花之间的不同点是：插花必须是插在容器中，而"花艺绿植"可用也可不用容器，可以吊挂在壁面上，或直接插制在台面上；插花必须以植物材料为素材，而"花艺绿植"除用植物材料外，还可用许多非植物的装饰性材料，如金属的、玻璃的、塑料的、棉绸织品等；"花艺绿植"创作在选材、构思、造型等方面，都比插花更加广泛自由，尤其在一些大型展览和比赛场合，它被广泛应用，造型趋于大型化，很有气势，这是插花无法与之相比的。

花艺

在家庭软装饰花艺设计中，质感的变化起着重要的作用。在美术的专业术语里，质感是指造型艺术（如雕塑、工艺品、绘画等）创作中表现不同物体各自具有的物质特征的逼真程度。花艺设计包含了雕塑、绘画等造型艺术的所有基本特征，是一门不折不扣的综合性艺术，因此花艺设计中的质感变化，也是影响整个花艺创作的一个重要元素。

■ 桌上摆花

■ 墙上挂花

■ 落地置花

居家插花

花艺是家居软装的生活艺术，是将花草、植物经过构思、制作而创造出的艺术品。花艺最重要的是讲究花与周围环境气氛的协调融合。这其中，居家插花是一种常见的、倍受人们喜爱的饰家艺术。闲暇之余，信手拈来，"被遗忘的角落"也可以是主人发挥想象力的好去处——桌上的摆花、墙角搁花、空中悬花、落地置花等。居家插花讲究的是空间构成。一件花艺作品，在比例、色彩、风格、质感上都需要与其所处的环境融为一体。

色彩质感

花艺师的设计灵感来源于大自然，只有了解自然才能对花艺设计中质感的变化有一个更深的理解。在花艺设计中，插一盆花也好，为客户做家庭装饰也好，质感都是不可缺少的部分。但是，究竟是运用协调质感的创作手法还是对比质感的创作手法，最终取决于环境。在色彩质感比较丰富的环境中，进行花艺设计时，质感元素应该是越协调越好；反之，如果是在一个色彩质感一致或是有一点沉闷的环境中，就应该用质感对比强烈的手法来打破这种沉闷，就像黑暗中的一道闪电，使人为之一震。

东方风格插花

中国和日本等国的东方式插花，崇尚自然，朴实秀雅，富含深刻的寓意。其特点为：（1）插花用色朴素大方，清雅绝俗，一般只用 2~3 种花色，简洁明了。对色彩的处理，较多运用对比色，特别是利用容器的色调来反衬，同时也采用协调色。这两种处理方法，通常都需要枝叶衬托。（2）使用的花材不求繁多，只需插几枝能起到画龙点睛的效果。造型较多运用青枝、绿叶来勾线、衬托。常用的枝叶有银柳、火棘、八角金盘和松树等。（3）形式追求线条、构图的完美和变化，崇尚自然，简洁清闲，讲究"虽由人作、宛如天成"之境。遵循一定原则，但又不拘成法。

绿化造景

近数十年，室内绿化发展迅速，不仅体现在植物种类增多，同时配植的艺术性及养护的水平也愈来愈高。室内植物主要以观叶种类为主，间有少量赏花、赏果种类，主要有以下几种：一、攀沿及垂吊植物；二、观叶植物；三、芳香、赏花、观果植物；一叶兰和垂笑君子兰是最早被选作室内绿化的植物。19世纪初，仙人掌植物风行一时，之后蕨类植物、小仙花属等相继采用，种类愈来愈多。近几十年的发展已使室内绿化达到繁荣兴盛阶段。

■入口绿植

■客厅绿植

■卧室绿植

不同室内空间的用途不一，植物景观的合理设计可给人以不同的感受。举例如下：

入口

公共建筑的入口及门厅是人们必经之处，逗留时间短，交通量大。植物景观应具有简洁鲜明的欢迎气氛，可选用较大型、姿态挺拔、叶片直上，不阻挡人们出入视线的盆栽植物。如棕榈、椰子、棕竹、苏铁、南洋杉等。也可用色彩艳丽、明快的盆花，盆器宜厚重、朴实，与入口体量相称，并在突出的门廊上可沿柱种植木香、凌霄等藤本观花植物。

客厅

客厅是接待客人或家人会聚之处，讲究柔和、谦逊的环境气氛。植物配植时应力求朴素、美观大方，不宜复杂。在客厅的角落及沙发旁，宜放置大型的观叶植物，如南洋杉、垂叶榕、龟背竹、棕榈科植物等，也可利用花架来布置盆花，或垂吊或直上。如绿萝、吊兰、蟆叶海棠、四季海棠等，使客厅一角多姿多态，生机勃勃。角橱、茶几上可置小盆的兰花、彩叶草、球兰、万年青、旱伞草、仙客来等，或配以插花。

卧室

卧室为休息及安睡之用，要求具有令人感觉轻松、能松弛紧张情绪的气氛，但对不同性格者可有差异。对于喜欢宁静者，只需少许观叶植物，体态宜轻盈、纤细，如吊兰、文竹、波士顿蕨、茸茸椰子等。选择应时花卉也不宜花色鲜艳，可选非洲紫罗兰等。角隅可布置巴西铁树、袖珍椰子等。对性格活泼开朗，充满青春活力者，除观叶植物外，还可增加些花色艳丽的火鹤花、天竺葵、仙客来等盆花，但不宜选择大型或浓香的植物。儿童居室要特别注意安全性，以小型观叶植物为主，并可根据儿童好奇心强的特点，选择一些有趣的植物，如三色堇、蒲包花、变叶木、捕虫草、含羞草等，再配上有一定动物造型的容器，既利于儿童思维能力的启迪，又可使环境增添欢乐的气氛。

书房

作为研读、著述的书房，应创造清静雅致的气氛，以利聚精会神钻研攻读。室内布置宜简洁大方，用棕榈科等观叶植物较好。书架上可置垂蔓植物，案头上放置小型观叶植物，外套竹制容器，倍增书房雅致气氛。书房绿植可选凤尾竹康等。

【花艺】

　　花艺是花卉艺术的简称。花艺指通过一定技术手法，花材的排列组合让花变得更加赏心悦目，表现一种思想，体现自然与人的完美结合，形成花的独特语言，让欣赏者解读与感悟。花艺包含较多的因素，如花枝的大小、色彩、插花的目的、空间环境等，都要相互调和。用于插花的3类花枝，即主枝、副主枝、陪衬枝，其中以主枝占主体地位，在构图中位置最高可独居中心；其次是副枝，起烘托主枝的作用；陪衬枝常用青枝绿叶插成婆娑状，位置最低，空缺处由它布满。有的插花作品只有主枝、陪衬枝两类，也可形成完整的构图和意境。

布局沈城　四

的主营业务的香港上市房地产　　旭辉地产，2014年
集房地产开发、建筑施工、商　　势联动。旭辉御府
消售50亿，至2015年翻增6　　锦棠一择址一环内纱
逆市发展的奇迹。以战略　　精致院落生活
不断完善全国布局　　居新标准。

【绿植】

绿植是绿色观赏观叶植物的简称，大多生长于热带雨林及亚热带地区，一般为荫生植物。因其耐荫性能强，可作为室内观赏植物在室内种植养护。在家居环境中，摆放绿植的种类及位置不同，会营造出不同的家居环境。绿植具有以下优点：吸收毒气，净化空气；增加空气湿度，是天然的加湿器；天然吸尘器；制造氧气和负离子等；不同的绿植有着不同的含义。比较常见的绿植有：发财树、绿萝、兰花、常春藤、芦荟、黄金葛、虎尾兰、白掌、红掌等。

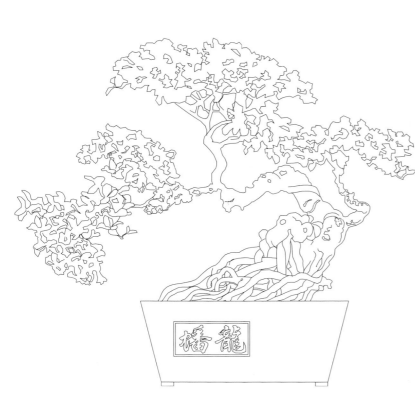

【装饰画】

　　装饰画是指起修饰美化作用的画作，起源于战国时期的帛画艺术，并不强调很高的艺术性，但非常讲究与环境的协调和美化效果的特殊艺术。装饰画的创作是在丰富的生活基础上，做合理的夸张、生动的比喻、巧妙的想像，甚至全是幻想。它讲究多空间的组合，不受时间、空间的限制，可将不同时间，不同地点，不同的情节故事，不同的季节变化组合在一起。中式风格挂画是文人墨客，书香世家的钟爱之物。在别墅门第或厅堂居室中间挂上一幅中式挂画，立马给家中营造出一番中国风。与欧式风格的雍容奢华不同，中式装饰画，能够历经潮流洗礼成为家居装饰的经典。中式装饰画比较常见的主要有花鸟画和山水画。像富贵吉祥的牡丹画，和和美美的荷花画，长长久久的九鱼图，多子多福的葡萄画，长寿的仙鹤图，大吉大利的雄鸡图，一马当先的骏马图等等，都是大家比较喜爱的家居装饰字画，具有很高的收藏价值。

装饰画

装饰画，顾名思义就是起修饰美化作用的画作。常被装点于建筑物表面，赋予周围环境以相应的艺术气息，使得环境变得美观得体、增加房间的空间感觉和艺术气息。它被广泛运用于家庭、酒店和办公场所的装修搭配。

装饰画内容的表现是多种形式的，可以是"以意生象、以象生意"的过程，即根据内容创造形态，通过形态传达内容；题材很丰富，一般分为具象题材、意象题材、花卉题材、人物肖像题材、抽象题材和综合题材等。

装饰造型、装饰色彩、装饰构图三要素是装饰画的关键。好的装饰画，可以通过其视觉形象传达信息，进行超越地域、民族界限以及语言障碍和文化差异的交流。

装饰画的起源可以追溯到新石器时代彩陶器身上的装饰性纹样，如动物纹、人纹、几何纹，都是经过夸张变形、高度提炼的图形。更确切的起源是战国时期的帛画艺术。洞窟壁画、墓室壁画、宫殿装饰壁画艺术对当今装饰画的影响也非常大。

■ 字画风格直接反应主人学识见解

■ 客厅悬挂书法作品，弥漫书香气息

■ 字画的数量和内容不在多而在于它所营造的意境

中式装饰画以一种东方人的"留白"美学观念控制的节奏，显出大家风范，其墙壁上的字画无论数量还是内容都不在多，而在于它所营造的意境。可以说无论西风如何劲吹，舒缓的意境始终是东方人特有的情怀，因此中式装饰画常常是成就这种诗意的最好手段。

中国字画风格与内容能直接反映居室主人的学识见解、生活品位，除了点缀装饰环境外，好的装饰画同时可以收藏。具有传统民族特色的山水画使整个客厅变得更有韵味，"旭日东升"美好的寓意提升客厅质感。象征高洁品质的墨竹，不与世俗同流合污的荷花以及岩石边生长的鲜花，透露出恬静、高雅的人文气息。牡丹在国人的心目中一直是富贵繁华的象征，在客厅挂上端庄、典雅的牡丹图能够表现古朴高雅的气质。选择悬挂梅兰竹菊更加迎合文人品味，自古以来梅兰竹菊凭借清雅淡泊的品质一直为世人所爱，逐渐成为一种人格品性的文化象征。明暗有别的水墨艺术呈现非凡的艺术，将写意画挂在客厅能够增添良好的艺术文化氛围，彰显主人深厚的文化内涵。

中国书法自古便有古韵之风、翰墨之韵。在中式客厅悬挂一幅书法作品，无论远观还是近赏都会给人赏心悦目的感觉，让客厅弥漫书香气息。古代人物画展现了雍容典雅的古代妆容与日常生活场景。精美的人物画彰显艺术魅力，不仅能装饰家居，而且能提升家居品位。质朴的格调，沉稳的色彩，浓烈悠长的韵味体现出中国人的素雅含蓄、简约大气。写意山水画搭配端庄的家具，使得客厅更显雅致、诗意。常见的山水挂画种类并不多，也都脱不了我们熟知的几种吉祥物。吉祥物代表着美好的寓意和期望，其中客厅、餐厅墙壁适合挂山水画、吉祥动物、梅兰竹菊等。

一般来说，水彩画宜与淡色的墙壁、家具相配，能营造出清新、淡雅的意境；悬挂国画或装饰画要求家具线条整齐、边角突出、色调沉稳，方能显出整齐洁净。字画要挂在引人注目的墙面开阔处，如迎门的主墙面、茶几、沙发、写字台以及床头上方的墙壁、床边等处。针对玄关过道应该有针对性选择，这样既能巧妙地利用空间，又可以提升美感。

装饰画的风格要根据装修和主体家具风格而定，同一环境中的画风最好一致，不要有大的冲突，否则就会让人感到杂乱和不适，比如将国画与现代抽象绘画同室而居，就会显得不伦不类。

■端庄、典雅的牡丹图表现古朴高雅的气质

■写意山水画显雅致和诗意

■精美的人物画彰显艺术魅力

主体颜色

由于画的主要作用是调节居室气氛，所以它需要与环境形成反差，从这个角度来说，它主要受房间的主体色调和季节因素的影响。从房间色调来看，大致可以分为白色、暖色调和冷色调，白色为主的房间选择装饰画没有太多的忌讳，但是暖色调和冷色调为主体的居室就需要选择相反色调的画了，如房间是暖色调的黄色，那么画最好选择蓝、绿等冷色系的，反之亦然。从季节因素来看，画是家中最方便进行温度调节的装饰品，冬季适合暖色，夏季适合冷色，春季适合绿色，秋季适合黄橙色，当然这种变化的前提就是房间是白色或者接近白色的浅色系。

图案样式

画的图案和样式代表了主人的私人视角，所以选什么并不重要，重要的是尽量和空间功能吻合，比如客厅最好选择大气的画，图案最好是唯美风景、静物和人物，抽象的现代派也不错。过于私人化和艺术化的作品并不适合这个空间，因为它是曝光率最高的场所，还是保守点为好。卧室等纯私密的空间就可以随意发挥了，但要注意不要选择风格太强烈的画。

尺寸大小

画的尺寸要根据房间特征和主体家具的大小来定，比如客厅里，画的高度在50~80厘米为宜，长度则要根据墙面或主体家具的长度而定，一般不宜小于主体家具的2/3，例如沙发长2米，画整体长度应该在1.4米左右；比较小的厨房、卫生间等，可以选择高度30厘米左右的小装饰画。如果墙面空间足够，又想突出艺术效果，最好选择大画幅的画，这样效果会很突出。

寓意风水

从风水角度来说，合适的装饰书画在提高家居整体和谐的同时，还能提高居者的个人品味及素质修养。在靓丽的客厅适当点缀书画，更能提升整个居室环境的格调。但点缀书画也有大忌，否则适得其反。室内挂画宜色调和谐，一般来说，颜色太深的挂画，最好不要挂于居室，因为这样会让人感觉意志消沉，沉重而缺乏冲劲。这就需要我们注意视觉、颜色与格调的和谐，不然会影响到居者的心情，使其有压抑的情绪。中国人希望年年有余，"余"与"鱼"谐音，也就取其万事如意，吉祥好运之意。家居挂幅"九鱼图"，正好象征着天长地久，常年有余。"三羊开泰"，"羊"恰好取其"阳气"之意。在室内挂幅"三羊图"，寓意吉利招来，鸿运当头。此外，"花开富贵牡丹图""猴王献瑞"，也代表吉运到来，万事顺意，让人随心所欲，运筹帷幄。卧室属于私人空间，张扬个性独特的人物仕女图更能突显其氛围。书房一般较为单调，可选择书法作品，这样会使原本格调单一的书房顿时变得生机勃勃，春意盎然起来。

【花鸟画】

花鸟画，是中国传统的三大画科之一。花鸟画实际上不仅仅是花与鸟，而是泛指各种动植物，包括花卉、蔬果、翎毛、草虫、禽兽等。花鸟画的画法有"工笔""写意""兼工带写"三种。工笔花鸟画即用浓、淡墨勾勒动象，再深浅分层次着色；写意花鸟画即用简练概括的手法绘写对象；介于工笔和写意之间的就称为兼工带写。中国花鸟画的立意，往往关乎人事，它不是为了描花绘鸟而描花绘鸟，不是照抄自然，而是抓住动植物与人们生活遭际、思想情感的某种联系而给予强化的表现。表现在造型上，中国花鸟画重视形似而不拘泥于形似，甚至追求"不似之似"与"似与不似之间"，借以实现对象的神采与作者的情意。

【山水画】

中国山水画简称"山水"，以山川自然景观为主要描写对象。中国山水画较之西方风景画，起码早了1000余年。隋唐时始独立，五代、北宋时趋于成熟，成为中国画的重要画科。传统上按画法风格分为青绿山水、金碧山水、水墨山水、浅绛山水、小青绿山水、没骨山水等。山水画强调"平远""高远"和"深远"，运用散点透视法，平远如同"漫步在山阴道上"，边走边看，焦点不断变化，可以画出非常长的长卷，括进江山万里。从山水画中，我们可以集中体会中国画的意境、格调、气韵和色调。

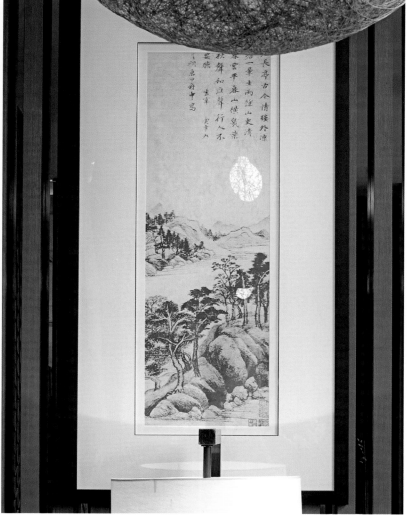

【人物画】

人物画是绘画的一种，以人物形象为主体的绘画之统称。中国的人物画，简称"人物"，是中国画中的一大画科，比山水画、花鸟画出现早，大体分为道士画、仕女画、肖像画、风俗画、历史故事画等。中国人物画主张：以形写神、形神兼备。紧紧抓住有利于传神的眼神、手势、身姿与重要细节，强调分别主次，有详有略，详于传情的面部手势而略于衣冠，详于人物活动及其顾盼呼应而略于环境描写。其传神之法，常把对人物性格的表现，寓于环境、气氛、身段和动态的渲染之中，故中国画论上又称人物画为"传神"。

【抽象画】

抽象画，就是与自然景象极少或完全没有相近之处，而又具强烈的形式构成面貌的绘画。一般被理解为一种不描述自然世界的艺术，反而透过形状和颜色以主观方式来表达。抽象派被定义为没有比喻现实参考的艺术。更广阔的定义是以简化但又可以保留原始自然的方式来描述真实题材。抽象装饰画可提升空间感。过去，很多家庭室内不讲究摆装饰画，觉得那是多余的，抽象画一直被人们看成是难懂的艺术，不过在现代装修风格的家庭中却能起到点睛的作用。很多人尽管看不懂画中的内容但深深地被它所感染，因此抽象画被越来越多人作为装饰画的最佳选择。

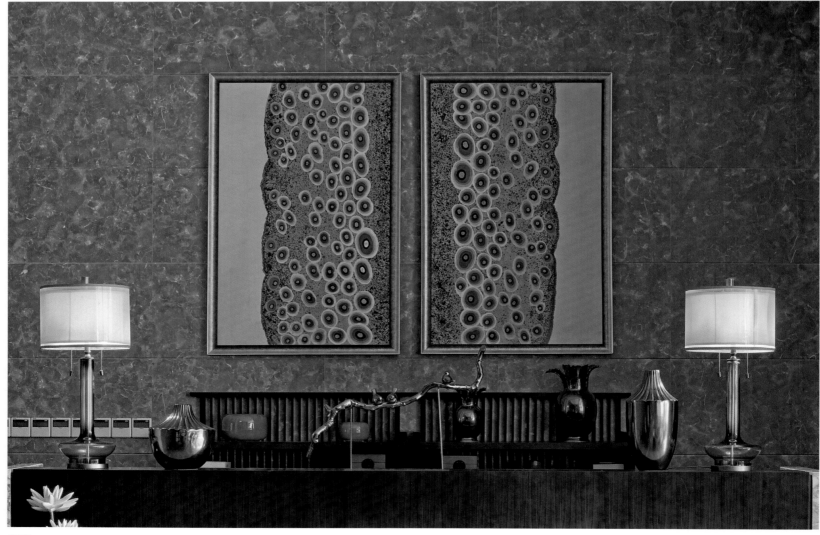

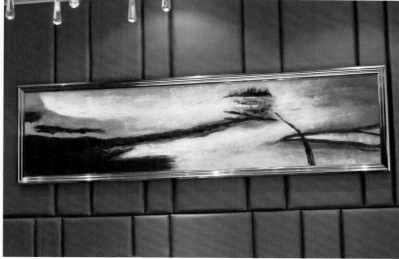

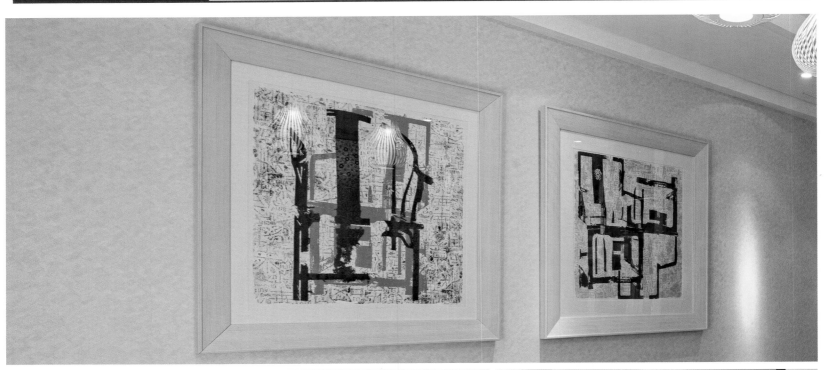

【装饰摆件】

　　装饰摆件，是依附于主体建筑、主体物品和主体空间的装饰性的物件，其目的是使被依附的主体更加美观，更加适合人的审美。装饰摆件的主要作用是装饰、美化、协调和烘托空间，所以它的最重要的特性即审美性，具体表现在内容和形式上。装饰摆件需要讲究工艺制作、技术、技巧等。如欣赏一件陶制装饰摆件，主要看其上釉水平、着色技巧、刻画工艺等。中式装饰摆件运用更多的是木摆件，它的颜色较深，多体现出古香古色的风格，用于中式传统风格。它木质较重，给人感觉质量不错。木材本身有其自身所散发出的香味，尤其是檀木，材质也较硬，强度高，耐磨，耐久性好。禅意摆件，在中式风格的室内设计上也被运用得多。禅借助艺术的观点来美化人生，要求对整体人生采取审美观照的态度。在图案上也要切合主题，可选取禅语文字、佛像、莲花、菩提等相关元素进行结合设计，图案注重简洁、干净，以更符合现代审美。

装饰摆件

摆件，就是摆放在公共区域的桌、柜或者橱里供人欣赏的物件，范围相当广泛。摆件由于其材质的多样性、造型的灵活性及无限的创意性往往使其能为室内增姿添彩，甚至成为室内最吸引眼球的部分。像雕塑、铁艺、铜艺、不锈钢、石雕、铜雕、玻璃钢、树脂、玻璃制品、陶瓷、瓷、黑陶、陶、红陶、白陶、吹瓶、脱蜡琉璃、水晶、黑水晶、木雕、花艺、花插、浮雕、装饰艺术、仿古、仿古做旧、艺术漆、手绘大理石、特殊油漆等都属于这一系列。

■ 佛像雕塑营造的禅意

装饰摆件的选购知识

材质的选择：木制产品一般价格比较经济，摆件本身也比较轻巧，而且木质产品会给人一种原始而自然的感觉；陶瓷产品是我国历史悠久的传统工艺品，做工精美，但陶瓷是易碎品，要小心保养；金属制的产品结构坚固，不易变形，而且比较耐磨，但是比较笨重，价格也相对高一些；树脂摆件造型美观，不容易碎，做工精美，价格实惠，被选作常用摆件的材质。

款式风格的选择：装饰摆件的颜色风格多样，但是不是随便选择，一般会结合摆放空间的格调，选择风格相一致，而颜色又形成一些对比的产品，这样搭配出来的效果会比较好。

产品的工艺：装饰摆件的产品类型也很多，一般就是要产品结构完整，没有破损。雕刻要生动传神，表面光滑；摆件的图案要清晰，色彩要均匀等。总之，装饰摆件是放在家中装扮空间的，最起码要自己看上去喜欢，才会带给自己一个美好的心情。

简单而言选择摆件可考虑以下几方面：
(1) 根据摆设的位置，选择不同题材的摆件。
(2) 根据环境格调，选择不同造型和颜色的摆件。
(3) 根据整体搭配，选择大小适中的摆件。
(4) 根据场合搭配，选择色彩协调的摆件。

新中式摆件的特点

人们对新中式风格的喜爱，大到整个空间的风格把控，小到不同材质、不同工艺、不同造型风格各异的摆件，既注重体现传统文化的魅力，同时又兼顾现代人对生活的理解和对美的追求，虽是装饰艺术，却延展了空间独特的韵味，对整体风格起到画龙点睛的作用。

新中式摆件作为一种重要载体，可以将新中式的风格、特点完美诠释。摆件是摆放在玄关、客厅、书房等公共区域里供人欣赏的物件，属于装饰艺术的范畴。玉摆件、木雕、石雕、树脂、陶瓷、花艺等都可以在空间里展示其独特的韵味。通过中式摆件来呈现静谧的禅意空间，可体现主人对清雅含蓄、古典端庄的东方精神境界的追求。

■ 迷你博古架书架为书房添彩

■ 色调一致的陶瓷雕塑及树脂工艺品的协调

■ 禅意的营造从玄关开始

古贤多主张"宁拙勿巧",中式装饰摆件正是传承"朴拙"本性之美,以朴、拙、淳、厚为特征,于中式装修空间所呈现的是意致从容,豁然大度,返璞归真的禅风意境。

禅意摆件,在中式风格的室内设计上被运用得最多。禅借助艺术的观点来美化人生,要求对整体人生采取审美观照的态度。在图案上也要切合主题,可选取禅语文字、佛像、莲花、菩提等相关元素进行结合设计,图案注重简洁、干净,以更符合现代审美。同时也注意与整体所产生的意境美做到真正的古今结合,让禅存于生活。禅是一种态度,也是一种意境,禅意以器物为载体,行于外表也要注意与其的切合,禅元素可运用于茶具、香道用品、家居壁挂摆件等产品,从生活中的点滴小物来观禅。

陶艺摆件

很多喜欢中式家装风格的朋友都喜欢在家居中用陶瓷摆件来装饰,陶瓷摆件不但能提升家居空间的美感,还能体现主人家的品味。家居陶瓷摆件大多制作精美,即使是近现代的陶瓷工艺品也有极高的艺术收藏价值。但是需要注意的是陶瓷摆件属于易碎品,而生产工艺、过程也相对复杂。在平时的生活中应该要注意保护,避免破损。陶瓷摆件的款式繁多,风格也是多样。而我们在选择的时候记得要结合自己的家居空间合理搭配,包括色调、造型等等。虽然色彩风格繁多,但是只要结合好空间规划,选择风格相近的陶瓷摆件进行搭配,也会有意想不到的精美效果。

木质摆件

木质类的家居摆件价格一般比较实惠,产品本身也轻巧美观,而且木质的家居饰品会给人一种自然清新的原始美感,摆放在家里让人一看就有舒服的感觉,大方得体,还起到装饰作用。

其他材质摆件

相较于陶瓷类装饰摆件,水晶装饰摆件做工则更精美时尚,更追求纯手工制作,因此售价大都不菲。但由于装饰效果俱佳,自身价值较高,颇受人们的喜爱。不锈钢家居摆件在市场上也备受欢迎,不锈钢家居摆件的结构牢固,不轻易变形,而且耐磨耐脏。但是由于钢的密度比较大,生产出来的不锈钢材质的家居摆件饰品一般较重,因此价格会高一些。日常家居生活中要根据自己的需求选择适合自己材质的家居饰品。

【雕塑摆件】

雕塑，是指以立体视觉艺术为载体的造型艺术。雕塑是造型艺术的一种，又称雕刻，是雕、刻、塑三种创制方法的总称。通过用各种可塑材料（如石膏、树脂、黏土等）或可雕、可刻的硬质材料（如木材、石头、金属、玉块、玛瑙、铝、玻璃钢、砂岩、铜等），创造出具有一定空间的可视、可触的艺术形象，借以反映社会生活、表达艺术家的审美感受、审美情感、审美理想的艺术。通过雕、刻减少可雕性物质材料，塑则通过堆增可塑物质性材料来达到艺术创造的目的。雕塑的题材一般分人物、动物、抽象物件等。

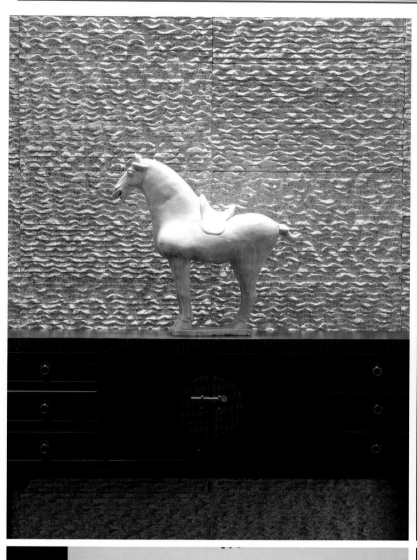

墙面挂件

【陶瓷摆件】

　　陶瓷是陶器和瓷器的总称。常见的陶瓷材料有黏土、氧化铝、高岭土等。陶瓷材料一般硬度较高，但可塑性较差。陶器和瓷器（陶瓷）有日用、艺术和建筑陶器等三种。日用陶瓷如餐具、茶具、缸、坛、盆、罐、盘、碟、碗等。艺术（工艺）陶瓷如花瓶、雕塑品、园林陶瓷、器皿、陈设品等。用在摆件上，较为常见的有茶具、花瓶、坛罐等；按所用原料及坯体的致密程度分类又可分为粗陶、细陶、炻器、半瓷器以及瓷器，原料是从粗到精，坯体是从粗松多孔，逐步到达致密、烧结，烧成温度也是逐渐从低趋高。陶瓷装饰方法也很多，主要可分为两大类：釉下装饰、釉上装饰。

【工艺品摆件】

工艺品是指通过手工或机器将原料或半成品加工而成的产品，是对一组价值艺术品的总称。工艺品来源于生活，却又创造了高于生活的价值。它是人民智慧的结晶，充分体现了人类的创造性和艺术性，是人类的无价之宝。机器工艺品以树脂工艺品比较常见，树脂工艺品打破了传统的工艺品界限，熟练的工人将树脂原材料经过制模、浇灌、脱模等工序生产出形态各异、五颜六色、栩栩如生的工艺品。手工艺品的品种非常繁多，如宋锦、竹编、草编、泥塑、手工刺绣、手工木雕、蓝印花布、蜡染、剪纸、民间玩具等。

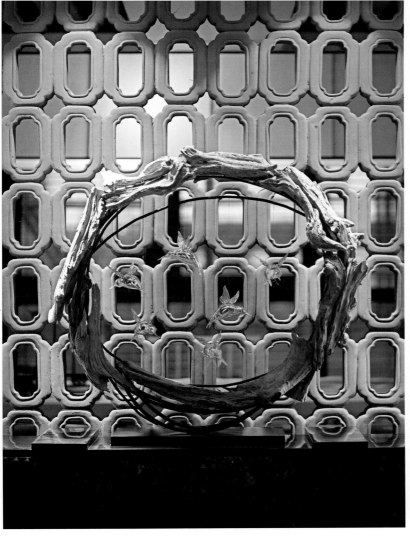

【墙面挂件】

　　涂完墙漆和贴好壁纸的墙面其实还处于一种"未完成"的状态，但是简单的挂画方式已经落后，其实墙面的装饰还可以更丰富，更特别一些，一些创意挂件就可以让你家的墙面更具亮点。比如选好统一的主题风格，加入立体挂饰做混搭，错落有致或整齐划一，都能产生更多别样的化学反应。传统的相框组合只要加入更多小心思，就会收到意想不到的效果；隔板运用得到，也会为墙面设计增加更多可能性；还有近年来很流行的圆形元素的墙面挂饰组合方式，比如盘子挂饰；镜面组合也会让墙面很特别。

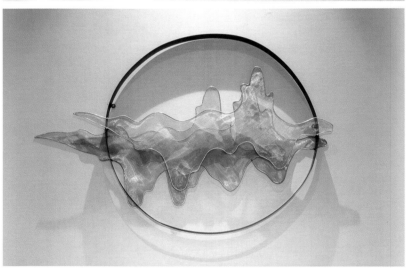

Kinpan.com
房地产开发设计选材平台

北京市金盘网络科技有限公司旗下的金盘网，是国内首家房地产开发设计选材平台，其打造的全新智能O2O的互联网+，汇聚国内外最知名的地产设计名企及作品、海量设计订单，打造中国地产开发交易第一平台。

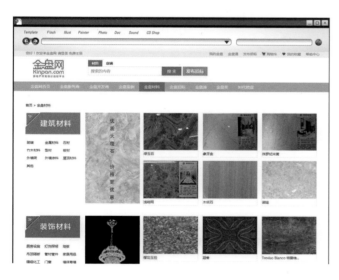

金盘建材

为适应开发商与设计公司在选材方面的需求，金盘材料事业部于2017年在金盘网正式开通材料板块，涵盖**大理石、磁砖、真石漆外墙涂料、薄板、砂岩板**等五大类，作为金盘网——开发设计选材平台的重要一环，金盘材料旨在为开发商、建筑设计、建材几大行业及相关企业搭建平台，为建材企业展示最新产品，为开发商提供标杆项目全套建材选材方案。

金盘材料事业部同时提供线下样板配送服务，包括单项材料和标杆楼盘的全套主建材样板，实现线上线下双联动。金盘材料事业部——建筑选材的好帮手！

金盘软装

为适应国内日新月异的软装发展需求，金盘软装事业部于2017年在金盘网正式开通软装板块，涵盖**家具、灯饰、窗帘布艺、花艺绿植、装饰画、装饰摆件**等六大类，包括**家庭住宅、商业空间，如酒店、会所、餐厅、酒吧、办公空间**等。

作为金盘网——开发设计选材平台的重要一环，软装版块致力于为知名家具和装饰企业提供一个全方位的展示平台，为广大家居设计师、软装设计公司提供最新的软装材料价格与应用案例。

联系地址：广州市天河区科韵中路棠安路119号金悦大厦610室

联系电话：020-32069300